の心得

「一生懸命やる」それがいちばんなのね。

本番の心得3か条

① きちんとあいさつするべし！
最初に自分の名前と、これからマジックをやることを伝えます。
そして、「よろしくお願いします」といって始めましょう。

② 元気よく演じるべし！
マジックは、元気よく大きな声でやることが大切！
失敗してもよいので、とにかく元気よく最後までやりとおしましょう。

③ 礼を忘れずにするべし！
最後まで見てくれた人に「ありがとうございました」と礼をいいましょう。
たとえ失敗したとしても、心から感謝して終えることが大切です。

ぼくらアシスタントは、マジシャンの手足となってはたらくニャン。

1 入門！ たし算大予言 ……………4
算数のレベル ▶ 3年生以上　マジックのレベル ▶ 2

2 ズバリ！ 誕生日当て ……………10
算数のレベル ▶ 4年生以上　マジックのレベル ▶ 2

3 ビックリ！ スピードたし算 ……………16
算数のレベル ▶ 3年生以上　マジックのレベル ▶ 3

だれでもできる 錯覚マジック 合計は 5000 ? ……………22

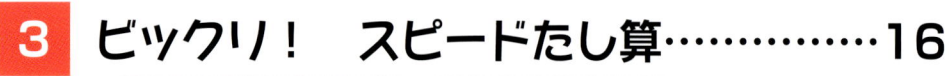

この本の楽しみ方

自分のできる
マジックが
選べる！

ステップ 1 マンガで マジックを体験！

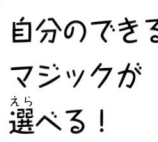
算数のレベルがわかる

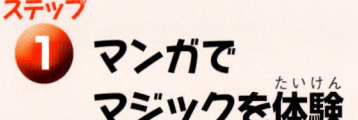
マジックのレベルがわかる
1 …かんたん
2 …ふつう
3 …ちょっとむずかしい

ステップ 2 マジックのしかけと 算数の説明がわかる！
バッチリ

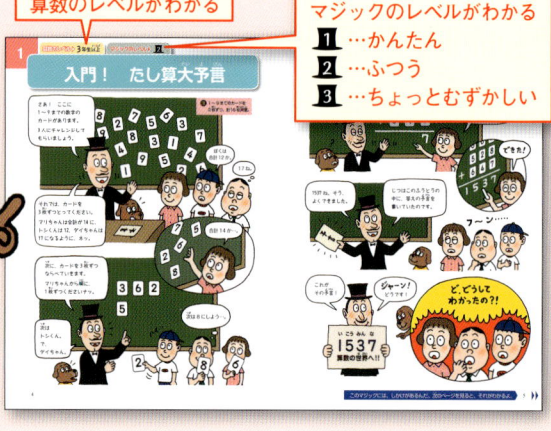

ひと目でわかる図解

4 頭の中の数がピタリと当たる！……………24
算数のレベル ▶ 5年生以上　マジックのレベル ▶ 1

5 ひっくり返しの数字の予言！……………30
算数のレベル ▶ 3年生以上　マジックのレベル ▶ 2

6 短冊スピード計算術！……………36
算数のレベル ▶ 4年生以上　マジックのレベル ▶ 3

■ 問題の答えと解説…………42
■ 指導者の方へ　この本の活用のしかた…………47

なぜ、答えが予言できたの？

じつは、答えは決まっていたのです。
3人のカードをそれぞれ、位ごとに
ならべるところにタネがあったのですヨッ。

あっ、わたしの カードはみんな 百の位に ならんでるわ！

ぼくのは 十の位だ！

ぼくのは 一の位…。

マリ 合計14　　トシ 合計12　　ダイ 合計17

百の位	十の位	一の位
3	6	2
5	2	8
6	4	7

3人の選んだカード

!カードをおく順番は、9ページを見てね！

3枚の合計 → 14　12　17

かんたんな式になおすと…

位の数をかけると… → 14 × 100 ＋ 12 × 10 ＋ 17 × 1

カードの順番を変えたら、答えはどうなる？

マリ	トシ	ダイ
5	4	7
3	6	8
6	2	2

+

――――――――
1　5　3　7

マリ	トシ	ダイ
6	2	8
3	6	7
5	4	2

+
――――――――
1　5　3　7

答えは どれでも同じ。 ためしてみて！

このときも式は同じだよ。

1400
120
+　17
――――――
1537

各位ごとの合計が同じなら、答えは変わらない。

3人はそれぞれのカードを自由に選んだように見えます。
だけど実際はどのカードを選んでも、1400 + 120 + 17 の合計を出すことになるのです。

タネがわかったら、次はマジックにチャレンジしよう！

きみも マジックにチャレンジ！

トリックがわかったら、マジックに挑戦してみよう！ここでもう一度、やり方をおさらいしますネッ。

1 マジックの準備をする。

用意するもの
★ 1～9の数字カードを2枚ずつ、18枚

★ 予言カードとふうとう

2 3人に3枚ずつカードをとってもらう。

★ 1人めは合計が14、2人めは12、3人めは17になるよう、指示を忘れずに！

ポイント 1 はじめに「合計の予言のマジックです」といって、マジックを始めないこと！ ふしぎさがなくなるよ。

レベルアップ 予言の数を変えてみよう！

マジックのやり方がわかったら、予言の数をくふうしてみましょう。友だちや先生の誕生日、生まれた年など、意味のある4けたの数にすると、さらにおもしろいマジックになりますヨッ。

例 平成12年4月6日生まれの人が、予言の数を「1246」とした場合

3人に指示する数 → 合計が 11　合計が 13　合計が 16

百の位	十の位	一の位
6	7	9
2	5	4
3	1	3

3枚のカード（例）

指示する数の出し方

```
  1246
-   16
  1230
-  130
  1100
```

たとえば、平成12年11月23日生まれの人の場合は、予言の数を1123とか1211の4けたの数にしよう。

❗ 予言の数の決め方のコツについては、42ページを見てね！

 **ポイント2** 1人めのカードは百の位、2人めは十の位、3人めは一の位におくこと！ ❗6ページを見よう。

3 3人から1枚ずつカードを受けとって3けたの数を作る。

おく位置と順番に注意!!

4 合計を出してもらう。

できた！

5 予言のふうとうをあける。

ジャーン！どうです！

いこうみんな 1537 算数の世界へ!!

問題！

3人に指示する数（カードの合計数）を考えよう！

★ 答えと解説は42ページ。

1 予言の数を1776にするには、3人の人に選んでもらうカードの合計数を、それぞれいくつにするとよいでしょう。

答え

1人め (百の位)	2人め (十の位)	3人め (一の位)
_____	_____	_____

2 予言の数を2000ちょうどにするには、3人の人に選んでもらうカードの合計数を、それぞれいくつにするとよいでしょう。

答え

1人め (百の位)	2人め (十の位)	3人め (一の位)
_____	_____	_____

```
    1 7 7 6
 -    □ 6    ← 3人めの合計
  ─────────
    1 7 □ 0
 -   □ □ 0   ← 2人めの合計
  ─────────
    □ □ 0 0  ← 1人めの合計
```

指示する数を決めるときは、一の位を決める3人めの人から決めていくのです。上のひき算でやってみてください。

数字カードは、1～9まで2枚ずつ。すると、3枚のカードの合計がいちばん小さいのは4、いちばん大きいのは26だよ。

注意！ 自分の答えは、必ず別の紙に書いて、たしかめるようにしましょう。

なぜ、誕生日がわかったの？

数が大きくなって複雑そうに思えるけれど、最後の答えから、125をひけばいいの。すると、誕生日が出てくるようになっているのよ。

マリちゃんがした計算

❶ 誕生月に4をかけて
10×4 = 40
（10＝誕生月）

ここで5をたすのがこのマジックのポイントだ！

❷ ❶の答えに5をたして
10×4+5 = 45
（→ 40（❶の答え））

❸ ❷の答えに25をかけて
(10×4+5)×25 = 1125
（→ 45（❷の答え））

❹ ❸の答えに誕生日の日にちをたして
(10×4+5)×25+15 = 1140
（15＝誕生日の日にち）
（→ 1125（❸の答え））

プリンセス・ピンクがした計算

マリちゃんの答え
1140−125 = 1015

千の位：1　百の位：0　十の位：1　一の位：5
誕生月　　　　　　　　誕生日の日にち

えーっ、なぜ125をひくとわかるの？

最後の答えから125をひけば、誕生日が3～4けたの数になって出てくるしくみになっているのよ。

1月～9月の人は3けたになるよ。

なぜ、125をひけばいいのかな？
そのしくみがどうなっているか、見ていこう。

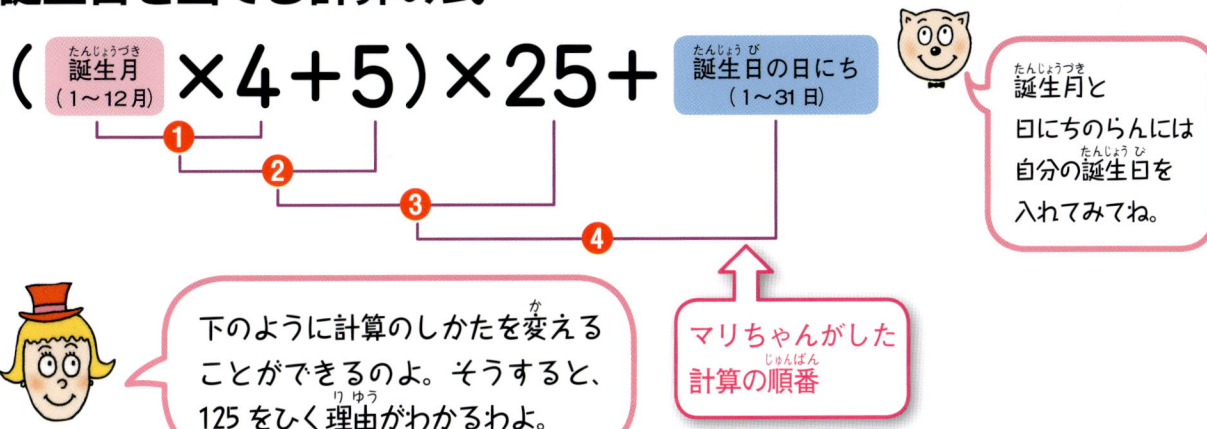

●誕生日を当てる計算の式

$$(\text{誕生月}(1～12月) \times 4 + 5) \times 25 + \text{誕生日の日にち}(1～31日)$$

❶ ❷ ❸ ❹ ← マリちゃんがした計算の順番

誕生月と日にちのらんには自分の誕生日を入れてみてね。

下のように計算のしかたを変えることができるのよ。そうすると、125をひく理由がわかるわよ。

●125をひく理由がわかる計算のしかた

$$(\text{誕生月} \times 4 + 5) \times 25 + \text{誕生日の日にち}$$

＊（誕生月×4）と5のそれぞれに25をかける

125は、5×25で出てきた答えなんだ…。

$$= (\text{誕生月} \times 4 \times 25) + (5 \times 25) + \text{誕生日の日にち}$$

4×25=100　　5×25=125

$$= \text{誕生月} \times 100 + 125 + \text{誕生日の日にち}$$

誕生月に100をかけて百と千の位にしている。

さあ、この125をとってしまうわよ。どうなるのかな？

$$\text{誕生月} \times 100 + \text{誕生日の日にち}$$

誕生月が百と千の位に、日にちが一と十の位にあらわれたわ！

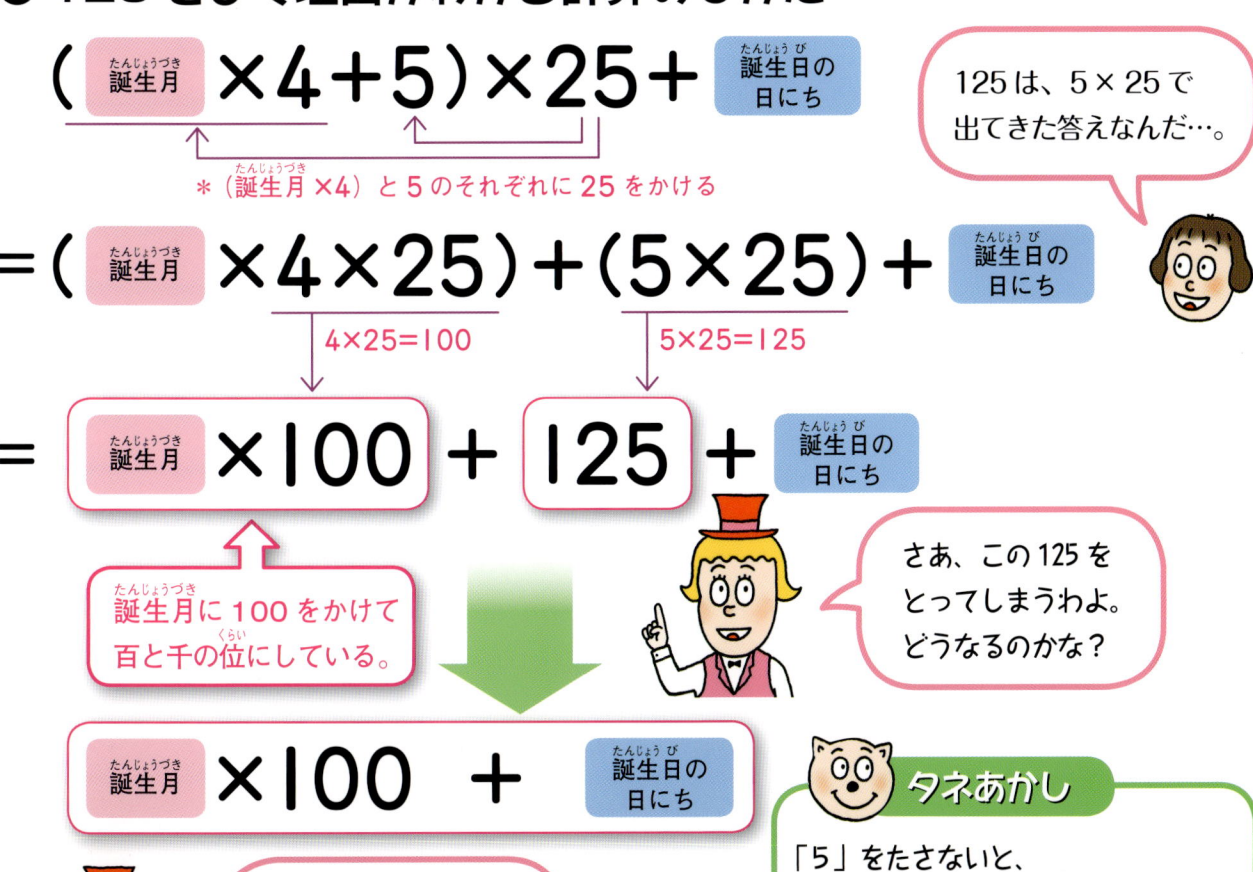

タネあかし
「5」をたさないと、(誕生月×100)＋(誕生日の日にち)になって、すぐしかけがわかってしまう。それで、「5」をたしているんだよ。

タネがわかったら、次はマジックにチャレンジしよう！　13

きみも マジックにチャレンジ！

では、マジックのやり方を
かんたんに
おさらいしましょう。

1 誕生月を4倍し、それに5をたしてもらう。

まず誕生月を4倍してね。
次にそれに5をたして。

2 ❶で計算した答えに、25をかけてもらう。

それに25を
かけてください。
ちょっと
むずかしいかな？

ポイント1 相手に電卓をわたして、最初から電卓を使って計算してもらうとマジックらしくていいよ。

マジック上達への道 125をひく練習をしよう！

答えが428の場合、誕生日は何月何日かな？

（誕生日の）
月　日にち

```
   4 2 8
 - 1 2 5
 ─────
   3 0 3
```

❶上の1けたから1をひく。
❷下の2けたから25をひく。

→ 答え **3月3日**

答えが1253の場合、誕生日は何月何日かな？

（誕生日の）
月　日にち

```
   1 2 5 3
 -   1 2 5
 ───────
   1 1 2 8
```

❶上の2けたから1をひく。
❷下の2けたから25をひく。

→ 答え **11月28日**

これは、くり下がりのある計算になるね。
すばやく答えが出せるように練習しよう。

計算を速くするコツは、上の2けたの誕生日の月と、下の2けたの日にちを分けて計算すること。
全体から125をひくより、ずっと速いわよ。

このマジックは、125をひくスピードと正確さが勝負。頭の中ですばやく計算できるように、練習しておこう！

！ 左下の「マジック上達への道」を見てね。

3 ❷の数に、誕生日の日にちをたして、出た数を教えてもらう。

最後は誕生日の日にちをたして、答えが出たら教えてくれるかな？

4 ❸で聞きだした数から125をひく。

1140-125は、1015ね。

5 ❹の3〜4けたの答えから、「○月×日」という形で答える。

上2けた　下2けた

1 0 1 5

誕生月　誕生日の日にち

ぼくたちの誕生日を当ててね。マジシャンになったつもりでチャレンジしてね。

★ 答えと解説は43ページ。

[1]  ぼくは答えが526になりました。ぼくの誕生日は何月何日でしょう。

 ほんとかな？

答え　　　月　　　日

[2]  ぼくは1351になりました。ぼくの誕生日は何月何日でしょう。

 くり下がりのある計算よ。気をつけてね。

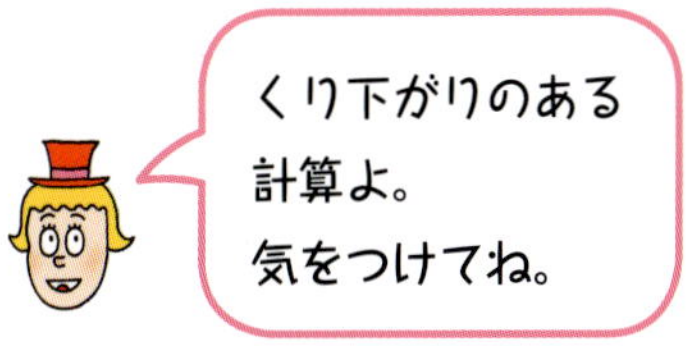

答え　　　月　　　日

[3] ぼくは354になりました。ぼくの誕生日は何月何日でしょう。

 ほんと？めずらしいわね。

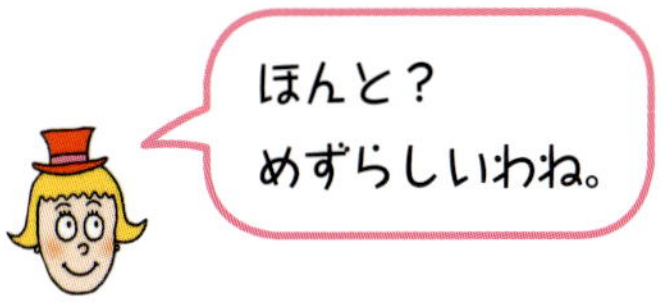

答え　　　月　　　日

注意！ 自分の答えは、必ず別の紙に書いて、たしかめるようにしましょう。

3 ビックリ！ スピードたし算

算数のレベル▶3年生以上　マジックのレベル▶3

ミスター・ケーのすばやい計算のわけとは？ 次のページを見るとわかるよ。

なぜ、すぐに答えを出せたの？

じつは、わたしが書き加えた2つの数にひみつがあるのです。
すぐ上の数との合計が、2つとも同じなのです。

ミスター・ケーが書いた3番めの数のからくり

トシくんが書いた数 → 725
マリちゃんが書いた数 → 674
ミスター・ケーが書いた数 → 325

合計は 999

わかったかな？
すぐ上の数をたして999になる数を書きこんでいたのです。
なぜ999にしたのかな。次のページを見てネッ。

ミスター・ケーが書いた5番めの数のからくり

725
674
325
198 ← ダイちゃんが書いた数
801 ← ミスター・ケーが書いた数

合計で999にするには、
1↔8、2↔7、3↔6、4↔5、0↔9の組み合わせを覚えておくといいよ。

最後の合計を出したからくりは？

次のページでは、実際にマジックをやるときに注意することを説明するよ。

```
  725
  674   合計は
  325 → 999     合計は      つまり    725に
              → 1998  ⇒    2000をたし、
  198   合計は       ↑           2をひけばよい。
+ 801 → 999     これは
              2000−2
              と同じ
```

999は1000−1だね。
1000−1
1000−1

3人の計算はこう…

位ごとに、たての5つの数字をたして答えを出したわ。

```
  百の位 十の位 一の位
    7   2   5
    6   7   4
    3   2   5
    1   9   8
+       8   0   1
  ─────────────
    2   7   2   3
```

ぼくたちのやり方と全然ちがう。どうりで速いはずだ。

ミスター・ケーの計算はこう！

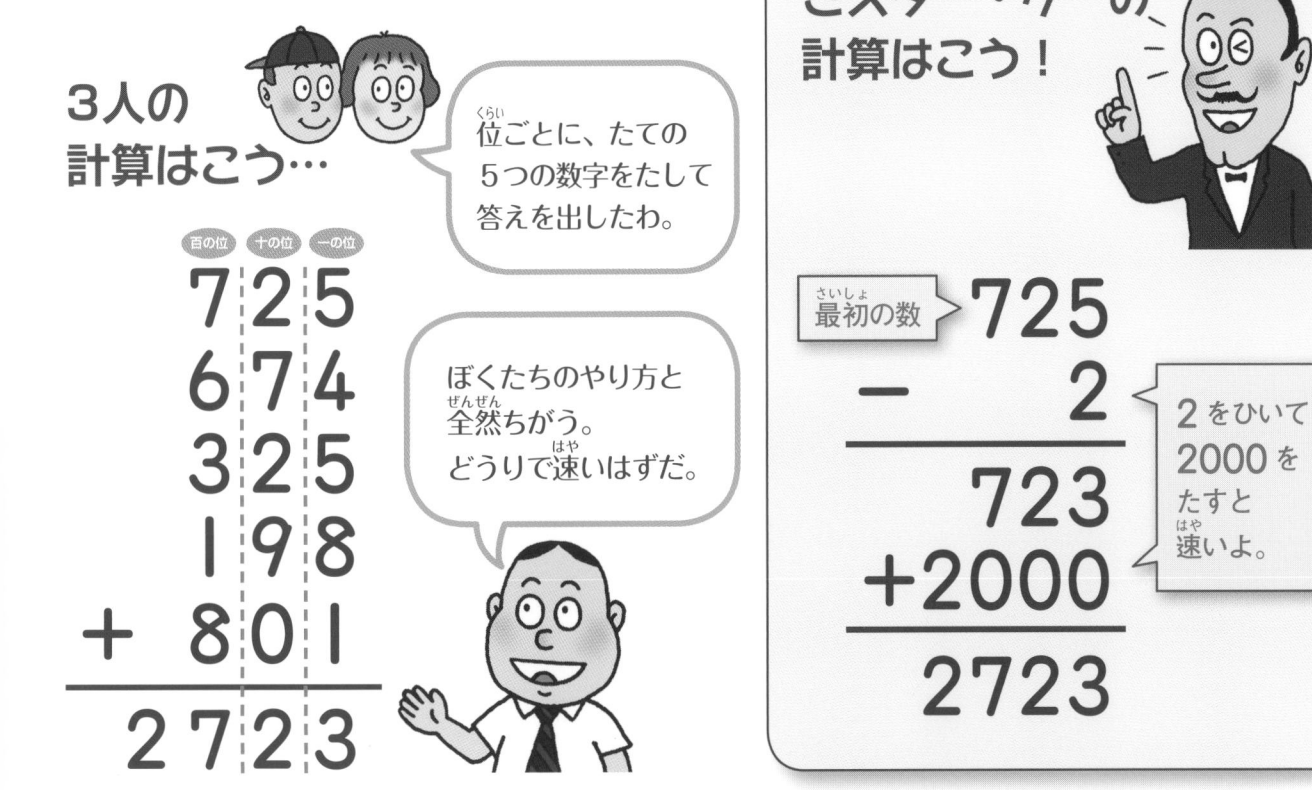

最初の数 → 725
       −   2
       ─────
           723
       +2000
       ─────
        2723

2をひいて2000をたすと速いよ。

タネがわかったら、次はマジックにチャレンジしよう！

きみも マジックにチャレンジ！

ここでやり方を
おさらいしよう。
ミスター・ケーのところを
きみがやるんだよ。

1 2人に、順番に3けたまでの好きな数を書いてもらう。

725 ← トシくん
674 ← マリちゃん

3つともちがう数にしてくださいな！

2 きみが3番めの数を書く。

725
674
325 ← ミスター・ケー

※上の数との合計が999になる数を書く。

ポイント1 3番めと5番めの数はすばやく書こう。考えているように見えると、ふしぎ感がなくなるよ。

こんなときは注意！

1 最初の数の一の位が「1」や「0」の場合

最初に書いてもらった数の一の位が「2」より小さい場合は、くり下がりがあるので注意しよう。

例 一の位が「1」の場合

```
  741
  ○○○
  ○○○  → 2000−2
  ○○○
+ ○○○
─────
 2739
```

一の位は9
十の位は（もとの数）−1

例 一の位が「0」の場合

```
  630
  ○○○
  ○○○  → 2000−2
  ○○○
+ ○○○
─────
 2628
```

一の位は8
十の位は（もとの数）−1

ポイント2 相手に電卓をわたしてもおもしろいよ。電卓より速く計算できれば、速算術の達人として尊敬されちゃうかも…。

3
さらに1人に3けたの数を書いてもらったら、5番めをきみが書く。

```
725
674
325
198  ← ダイちゃん
801  ← ミスター・ケー
```

※❷と同じように、合計を999に。

4
5つの数のたし算の速さを競争する。

相手のする計算
```
 725
 674
 325
 198
+801
―――
  ?
```

きみのする計算

725 + 2000 − 2 = ?

最初の数

ほら、できましたヨッ！
2723

---

2 百の位が「9」の場合

「9」の組み合わせの数は「0」。でも、百の位が「9」だと、「0」は書けないよ。

この場合は、百の位の数は書けないけど、あわてずに2けたの数を書こう。

例 2人めが百の位を「9」とした場合

```
 725
 954 ┐合計は
  45 ┘→999
  ↑2けたの数
 198 ┐合計は
+801 ┘→999
―――
2723
```

答えは、やはり（最初の数）+2000−2

例 3人めが百の位を「9」とした場合

```
 725
 674 ┐合計は
 325 ┘→999
 918 ┐合計は
+ 81 ┘→999
  ↑2けたの数
―――
2723
```

「どうしても3けたでそろえたい」という人は、44ページを見よう。

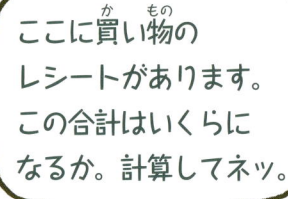

きみも マジックにチャレンジ！

マジックのやり方をかんたんにおさらいしましょう。

1 数字カード（レシート）を用意する。
※右下のレシートを拡大コピーして使おう。

 **ポイント1** 数字カードは大きく作ろう。多くの人を相手にやると、まちがう人も多くなる。その分、もりあがるよ。

2 上から1つずつ、数字を見せていく。

 **ポイント2** 紙を下げるスピードはちょっと速めにして、ゆっくり計算できないようにしよう。暗算ができるスピードにすること。

3 最後の10を見せたら、すぐに答えてもらう。

はい、いくつ？　5000！！

4 最後に説明をする。

答えは、4100。
これは思いこみを利用したマジックですヨッ。

領収書

小峰商店

新宿店　　電話 03 － 0123 － 4567
2011 年 04 月 01 日　　　　No.0007

手帳	1000
えんぴつ	40
ノート	1000
のり	30
サインペン	1000
クリップ	20
絵の具	1000
画用紙	10

小　計

これを拡大コピーして使おう。

とにかく、だれかにためしてごらん。ほとんどの人がひっかかりますヨッ！

4 頭の中の数がピタリと当たる!

算数のレベル ▶ 5年生以上　マジックのレベル ▶ 1

なぜ、頭の中の数がわかるの？

最後に頭の中にある数はみんな同じ「3」。思った数はみんなちがうのに、なぜそうなるのでしょう。しくみをさぐってみましょうネッ。

ミスター・ケーの指示

	マリ	トシ	ダイ
思った数	3	6	7
❶ 思った数 ×2	3×2=6	6×2=12	7×2=14
❷ ❶+6 （思った数×2）	6+6=12	12+6=18	14+6=20
❸ ❷÷2 （思った数×2+6）	12÷2=6	18÷2=9	20÷2=10
❹ ❸－思った数 （(思った数×2+6)÷2）	6－3=3	9－6=3	10－7=3

最後の答えは？ → 3　3　3

1〜9の数のどれを選んでも、最後の答えは「3」！

 **なぜ、最後の数がみんな「3」になるのかな？
そのしくみがどうなっているか、見ていこう。**

● 頭の中の数がわかる計算の式

(思った数 ×2＋6)÷2－ 思った数

❶ ❷ ❸ ❹

> 思った数のらんに、1〜9の好きな数を入れてね。

> 上の式は計算のしかたを変えることができるんだ。そうすると、答えが3になる理由がわかるよ。

3人がした計算の順番

● 答えが「3」になる理由がわかる計算のしかた

(思った数 ×2＋6)÷2－ 思った数

＊ 思った数×2と6のそれぞれを2でわる。

＝(思った数 ×2÷2)＋(6÷2)－ 思った数

計算しないのと同じ

＝(思った数 ＋(6÷2)－ 思った数

順番を入れかえて

＝ 思った数 － 思った数 ＋(6÷2)

答えは0

＝ 6÷2

＝ 3

> 思った数がどんな数でも、最後の答えが「3」になる計算のしくみ、わかりましたか？

この計算だけで答えが決まる！

タネがわかったら、次はマジックにチャレンジしよう！

きみも マジックにチャレンジ！

ではここで、マジックのやり方をおさらいしましょう。ポイントになる点もおさえてくださいネッ。

1 1〜9の数の中から1つを思いうかべてもらう。

「1〜9の数の中から1つを心に思ってください。」

2 その数を2倍したあと、6をたしてもらう。

「その数を2倍して6をたして。」

ポイント1 計算の指示は、あわてずゆっくりと。暗算してもらうので、できたかたしかめながら次に進むことが大切。

レベルアップ たす数を変えてみよう！

$$(\boxed{思った数} \times 2 + \underline{6}) \div 2 - \boxed{思った数}$$

上の❷でたす数、つまりこの式の6のところを変えると、答えも変わるよ。どう変わるかな。

たす数		答え
2	→	1
4	→	2
6	→	3
8	→	4
10	→	5

みんなが同じ数になると思わせないようなくふうをしよう。
25ページのように、1人ずつ耳うちしていくやり方が効果的。

3 ❷の数を2でわってもらう。
「2でわって。」 

4 ❸の数から、最初に思った数をひいてもらう。
「最初に思った数をひいてください。」

5 相手の頭の中に残っている最後の数を当てる。
「マリちゃんは…。」

問題！

★ 答えと解説は45ページ。

 左のレベルアップのように、2倍したあとにたす数は、必ず2でわりきれる数でなければいけません。それはなぜでしょう。

答え
_____

 最後の数を「7」にするには、2倍したあとにたす数をいくつにすればよいでしょう。

答え
_____

注意！ 自分の答えは、必ず別の紙に書いて、たしかめるようにしましょう。

「2でわりきれる数を偶数といいます。」

「数が大きくなっても、考え方は変わらないよ。」

なぜ、答えが予言できるの？

じつは、このマジックは3けたの数がいくつでも、答えは必ず1089になる。なぜそうなるのか、説明していくヨ〜。

❶ はじめのひき算

百の位と、一の位とを入れかえる。

くり下がり

```
  724
- 427
-----
  297
```

ひき算の答えは、次の9通り！

❶ 099 （百の位が0）
❷ 198
❸ 297
❹ 396
❺ 495
❻ 594
❼ 693
❽ 792
❾ 891

↑たすと9になる↑

どれも、百の位と一の位をたすと、9になっている。

ほかの数でたしかめてみよう

3けた最大の数

```
  987        986        985
- 789      - 689      - 589
-----      -----      -----
  198        297        396

  984        983        982
- 489      - 389      - 289
-----      -----      -----
  495        594        693

  981        980        978
- 189      - 089      - 879
-----      -----      -----
  792        891        099
```

0をおく（980の上）
0をおく（099の下）

最後の2つについては右上を見てね。

32

百の位が0になるとき

1 百の位と一の位の差が「1」のとき

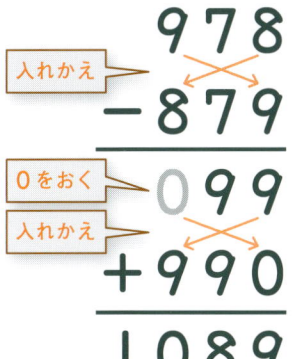

入れかえ
0をおく
入れかえ

```
  978
- 879
 ─────
  099
+ 990
 ─────
 1089
```

最初のひき算で答えが99になっちゃう。このときは、百の位に0をおいて、入れかえてちょうだい。

2 一の位が「0」のとき

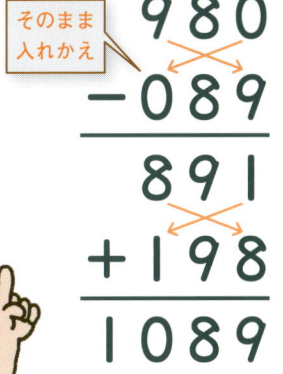

そのまま入れかえ

```
  980
- 089
 ─────
  891
+ 198
 ─────
 1089
```

一の位の0と百の位の数字をそのまま入れかえよう。

❷ 次のたし算

```
   724
 - 427
 ──────
   297
 + 792
 ──────
  1089
```

十の位は必ず9だから合計も、必ず18。

百の位の合計は9。十の位が9+9=18なので、1くり上がって10になる。

一の位の合計は、必ず9。

数の組み合わせは、次の5通り！

❶ 198 と 891
❷ 297 と 792
❸ 396 と 693
❹ 495 と 594
❺ 099 と 990

どの組み合わせも、答えは1089だヨ〜。

答えが必ず同じになるなら、予言するのはかんたんだね！

タネがわかったら、次はマジックにチャレンジしよう！　33

マジックのからくりは、わかったかな？
ここでは、実際にマジックに挑戦するときに気をつけることをまとめたヨ〜。
よく読んで、きみも友だちや家族の前でやってみてちょうだい。

きみも マジックにチャレンジ！

1
「1089」と書いた紙を入れた、予言のふうとうを用意する。

2
数字が3つともちがう3けたの数を書いてもらう。

全部ちがう数字ね。

3
2の数の、一の位と百の位の数字を入れかえてもらう。

こう?!

ポイント2
このマジックは予言の数を変えることはできないので、始める前に1回きりしかやらないことを伝えてから始めよう。

このマジックは、1回こっきりの特別なマジックだヨ〜。

ポイント1
予言の数を書いた紙がすけないように気をつけよう。白い紙に黒のサインペンで書いてふうとうに入れると、すけてしまうことがあるよ。

こんなときは注意！ 百の位より一の位の数が大きいとき

入れかえると、下に大きい数がくる。このままではひき算ができない。

427
−724

この場合 →

724
−427

上に、百の位と一の位を入れかえた数を書く。

最初の数を書いてもらうときに、上に少しスペースを残して書いてもらうといいね。

4
❷と❸の数のうち、大きいほうから小さいほうをひいてもらう。

```
 724
-427
 297
```
「297です。」

5
❹の答えと、その答えの一の位と百の位を入れかえた数をたしてもらう。

```
 724
-427
 297
+792
1089
```
「1089になりました。」

6
出てきた答えと、用意しておいた予言のふうとうから出した数が同じであることをたしかめてもらう。

アアッ！
1089

マジック編 レベルアップ
失敗と思わせるのも効果的！

「さあ、このふうとうをあけてみるよ。」

わざと上下をひっくり返してとり出す。

「あれ？ 6801…？」
6801

「おっとちがった こっちが上でした！」
1089

この場合は1089が6801にも見えるように書いておくこと！

35

6 短冊スピード計算術！

算数のレベル ▷ 4年生以上　マジックのレベル ▷ 3

今から、たし算の速さくらべをしよう。ここにある短冊からマリちゃん、3本選んでほしいのね。

| 46832 | 42371 | 69352 | 51361 | 67542 |

コレとコレとコレにします。

ハーイ

マリちゃんが選んでくれた3本を、こうしてならべて、と。どちらが速いか競争なのね！

```
  67542
  46832
+ 42371
-------
```

3けたのたし算ね。すぐできるかな。

じゃあ、電卓使ってもいいよ。

ヤッター！

今度は負けないぞー！

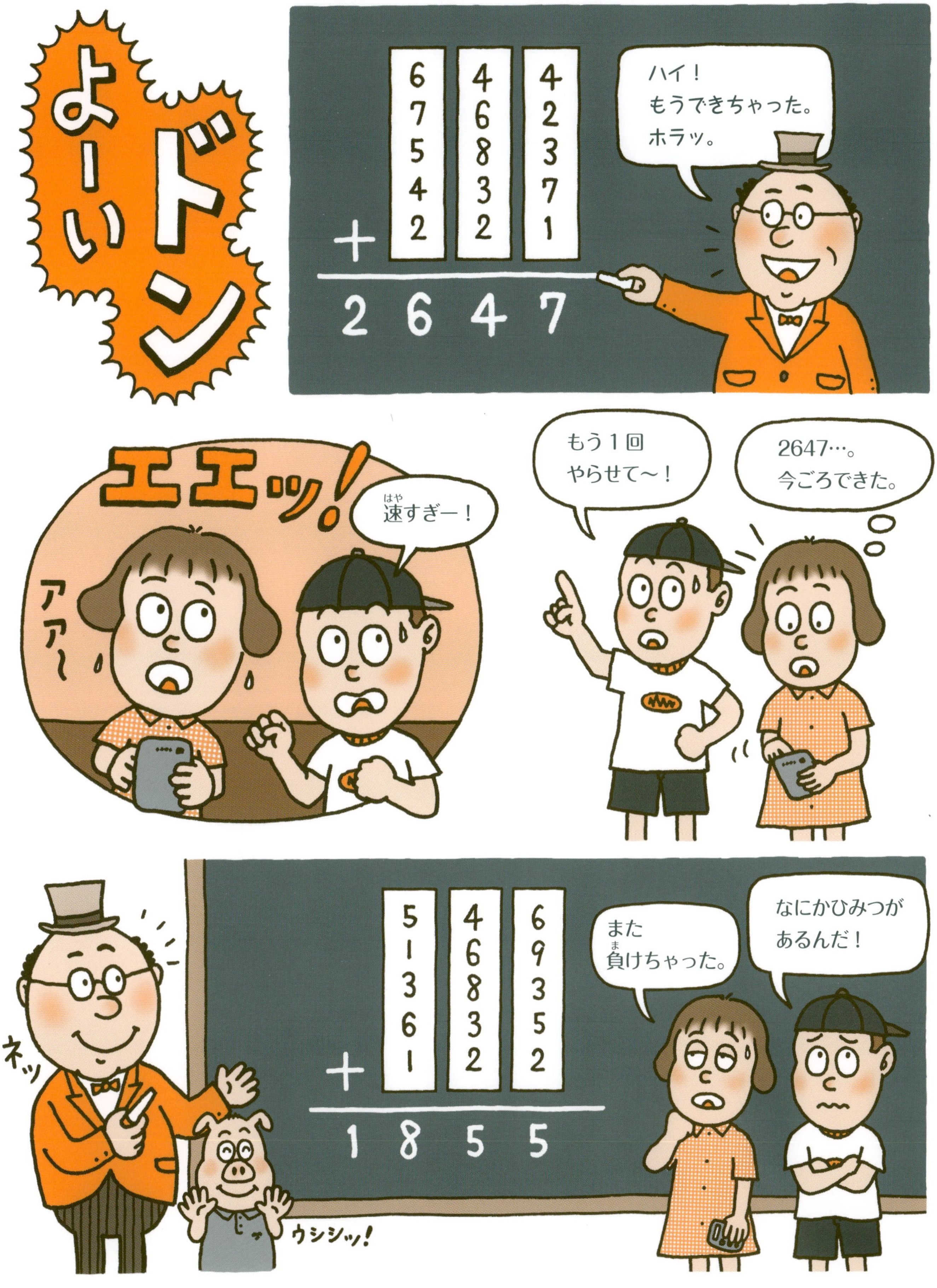

電卓より速く計算できたのはなぜ？　次のページを見るとわかるよ。

なぜ、すぐに答えが出せるの?

じつは、それぞれの短冊の5つの数の合計が、その短冊の下の2つの数になるように、短冊を作っていたのよね。

5本の短冊のからくり

| 46832 | 42371 | 69352 | 51361 | 67542 |

5つの数の合計が、下2つの数になっている

```
  4        4        6        5        6
  6        2        9        1        7
  8        3        3        3        5
  3        7        5        6        4
+ 2      + 1      + 2      + 1      + 2
─────    ─────    ─────    ─────    ─────
 23       17       25       16       24
```

前のページの3本の短冊の合計の出し方を見てみよう。

ほかの短冊でもやってみよう。合計の出し方は、下を見てね。

※短冊は5本だけど、組み合わせは60通り。答えもちがうよ。

㋐
```
  6 5 4
  9 1 6
  3 3 8
  5 6 3
+ 2 1 2
```

㋑
```
  4 6 5
  2 7 1
  3 5 3
  7 4 6
+ 1 2 1
```

※答えはこのページの下にあるよ。

3本の短冊の合計の出し方

千の位　百の位　十の位　一の位

```
      6   4   4
      7   6   2
      5   8   3
      4   3   7
  +   2   2   1
  ─────────────
      2 6 4 7
```

```
  2400
   230
+   17
──────
  2647
```

千の位の数字
百の位のいちばん下の数字の「2」になる。

一の位の数字
一の位の短冊の下から2番めの数字の「7」になる。

2つの数字の合計だけで計算できて、くり上がりもない。かんたんだね。

百の位の数字
十の位のいちばん下の数字の「2」と、百の位の下から2番めの数字の「4」を合計した数。

十の位の数字
一の位のいちばん下の数字の「1」と、十の位の下から2番めの数字の「3」を合計した数。

上の答え
㋐ 2683　㋑ 1956

タネがわかったら、次はマジックにチャレンジしよう！　39

きみも マジックにチャレンジ！

では、最後に
やり方を
おさらいしよう。

1 5本の短冊を用意する。

46832 / 42371 / 69352 / 51361 / 67542

※画用紙を細長く切って、5つの数字を書く。

2 ①から、3本の短冊を選んでもらう。

46832 / 42371 / 69352 / 51361 / 67542

コレとコレとコレにします。

ここでは短冊を3本選んでもらったけど、短冊の数は2本でも、4本でも5本でもできる。やり方は46ページを見るのね。

レベルアップ 短冊を作ってみよう！

短冊作りに挑戦してみよう。
作り方のコツを紹介するのね。

❶ まず、答えにしたい2けたの数を下の2マスに書く。

例 「27」なら

一の位 → 7
十の位 → 2
　　　　27

❷ 上の3マスには、合計が、❶で決めた答えから、下の2マスの合計をひいた数になる数字を書く。

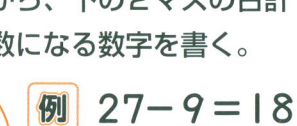

3
6
9
7
2

例 27－9＝18
　　　（2+7）

合計が「18」になる数を書く（順番はどうでもよい。ほかの数の組み合わせでもできるよ）。

右で実際に作ってみよう。

※短冊の下の2マスの数は、短冊の組み合わせによっては、くり上がりが出るときもある。

ポイント1 計算はすばやくやろう。考えているようすを見せないことがポイントだよ。

ポイント2 短冊をかえて、くり返しやってみよう。毎回答えがちがうので、ふしぎさがアップするよ。

3 ②を横に好きな順でならべてもらい、筆算の形を作る。

```
  6  4  4
  7  6  2
  5  8  3
  4  3  7
  2  2  1
+
```

4 ③のたし算の速さを競争する。
※相手に電卓を使ってもらってもよい。
「じゃあ、電卓使ってもいいよ。」
ヤッター！

5 電卓より速く答えをいい当てる。
```
  6  4  4
  7  6  2
  5  8  3
  4  3  7
  2  2  1
+ 2 6 4 7
```
「ハイ！もうできちゃったホラッ。」

ここで説明しているのは、くり上がりのない短冊を使った場合なのね。くり上がりのあるときのマジックの方法は46ページを見るのね。

問題！

実際に、短冊を作ってみよう！
マスの中には、どんな数字を入れたらいいかな？

★答えと解説は45ページ。

1 1枚の短冊の合計が18になる短冊を作ってみましょう。

答え

ヒント 下の2マスに、合計の2けたの数を入れよう。

2 1枚の短冊の合計が23になる短冊を作ってみましょう。

答え

ヒント 上の3マスの合計はいくつになるかな？下の2つの数で決まるよ。

3 1枚の合計が最大となる短冊を作る場合、下の2マスに入る数字はいくつでしょう。

答え
```
9
9
9
```

ヒント 全体の合計が入るよ。

注意！ 自分の答えは、必ず別の紙に書いて、たしかめるようにしましょう。

問題の答えと解説

9ページの問題の答え

1 答えは次の7通り。

	1人め（百の位）	2人め（十の位）	3人め（一の位）
①	15	26	16
②	16	15	26
③	16	16	16
④	16	17	6
⑤	17	5	26
⑥	17	6	16
⑦	17	7	6

考え方

9ページのヒントのように、まず、3人め（一の位）の人の合計を決めます。3人めの合計は6か16か26のいずれか。その後、2人め（十の位）の合計を決めると、最後に1人め（百の位）の数がおのずと決まります。

> 3人の合計がどのように決まるか、例を見ていきましょうネッ。

3人めの合計が6の場合

> 3人めの合計の一の位は必ず6にして、1776からひいたときに一の位が0になるようにするんだ。

3人めの合計　1776
　　　　　　－　　6
2人めの合計　1770
ここに入るのは7か17　－　70　　7の場合
　　　　　　1700
1人めの合計

3人めの合計が16の場合

3人めの合計　1776
　　　　　　－　16
2人めの合計　1760
ここに入るのは6か16か26　－　160　　16の場合
　　　　　　1600
1人めの合計

3人めの合計が26の場合

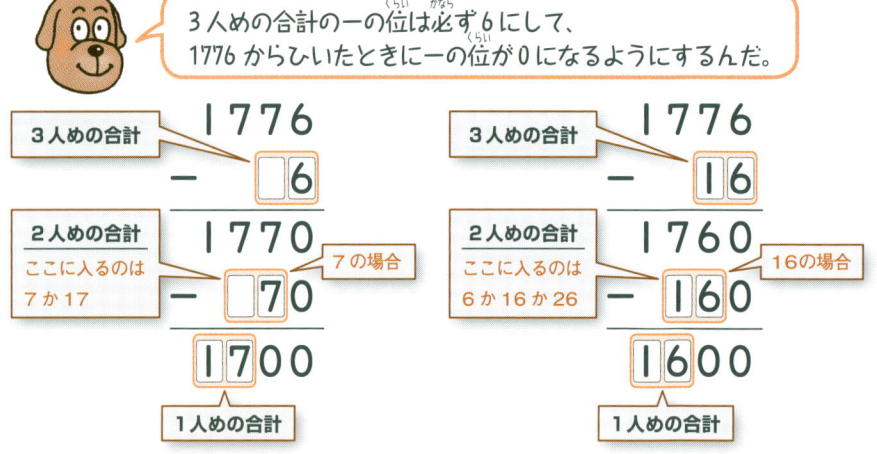

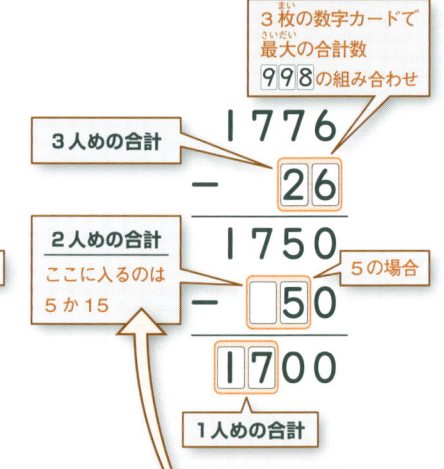

3枚の数字カードで最大の合計数 998 の組み合わせ

3人めの合計　1776
　　　　　　－　26
2人めの合計　1750
ここに入るのは5か15　－　50　　5の場合
　　　　　　1700
1人めの合計

ここで25がない理由

25にするには、889、799のカードが必要。でも、3人で9のカードを2枚使っているので、ここでは使えない。

> 同じ数字のカードは2枚しかないからね。

予言の数の決め方のコツ

3つの3けたの数の合計がいちばん小さいのは493、いちばん大きいのは2837です。しかし、このような数にすると、3人のカードの選び方は1通りしかありません。それでは、カードを選ぶ楽しさも、ぐうぜん選んだ数の合計を予言するというマジックのふしぎさもなくなってしまいます。

ですから、3枚の数字カードの合計は11〜19くらい、予言の数の千の位が1になるように予言の数を決めると、楽しいマジックができます。

1人め	2人め	3人め
124		
134		
+235		
493		

1人め	2人め	3人め
986		
976		
+875		
2837		

② 答えは次の4通り。

	1人め（百の位）	2人め（十の位）	3人め（一の位）
①	18	18	20
②	18	19	10
③	19	8	20
④	19	9	10

考え方

この場合も、考え方は①と同じです。3人め（一の位）の合計と2人め（十の位）の合計を決めれば、1人め（百の位）の合計はおのずと決まります。

ほかの例も
たしかめてネッ。

3人めの合計が10の場合

```
3人めの合計    2000
             -  10
2人めの合計    1990
ここに入るのは -  90
9か19
1人めの合計    1900
```

3人めの合計が20の場合

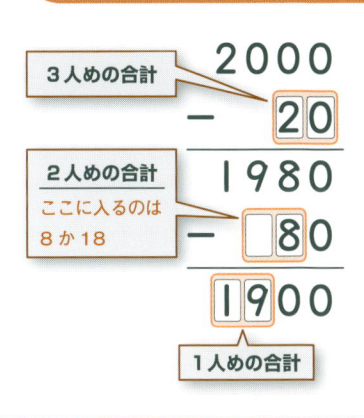

```
3人めの合計    2000
             -  20
2人めの合計    1980
ここに入るのは -  80
8か18
1人めの合計    1900
```

3人めの合計の一の位は必ず0にする。3枚の数字カードの合計は4〜26だから、10か20になるんだ。

15ページの問題の答え

① ダイちゃんの誕生日　4月1日

```
  526
- 125
─────
  401
```
誕生月　誕生日の日にち

答えから125をひいて求める

② トシくんの誕生日　12月26日

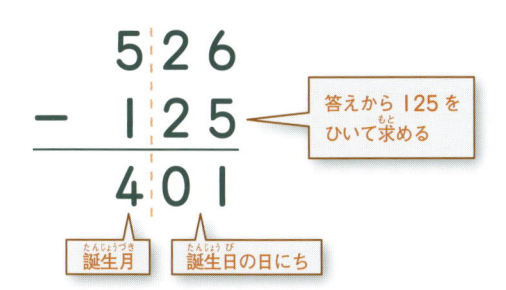

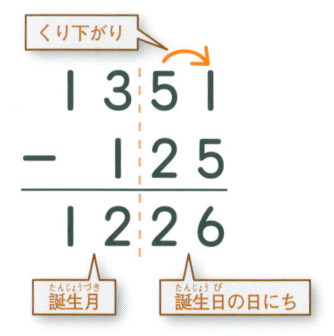

くり下がり

```
  1351
-  125
─────
  1226
```
誕生月　誕生日の日にち

③ ニャン太の誕生日　2月29日

```
  354
- 125
─────
  229
```
誕生月　誕生日の日にち

ぼくの誕生日は
4年に1回しか
こないんだ。

解説

2月29日は4年に1回のうるう年にしかやってきません。ニャン太の誕生日は、めずらしい例ですね。

もし125をひいた答えが「230」とか「431」という数になったとすると、2月30日とか4月31日という日はありませんから、相手が計算をまちがえているということです。

マジックをするときは、計算をまちがえていると当てられないことを相手に伝えて、答えがまちがっていないか、たしかめながら進めていきましょう。

21ページの解説

「どうしても3けたで」という人のために

相手の書いた数の百の位が9の場合は、2けたの数を書いて、999になるようにしていますが、もちろん、3けたの数を書いて進める方法もあります。その場合は、999ではなく、合計で1100にするようにします。

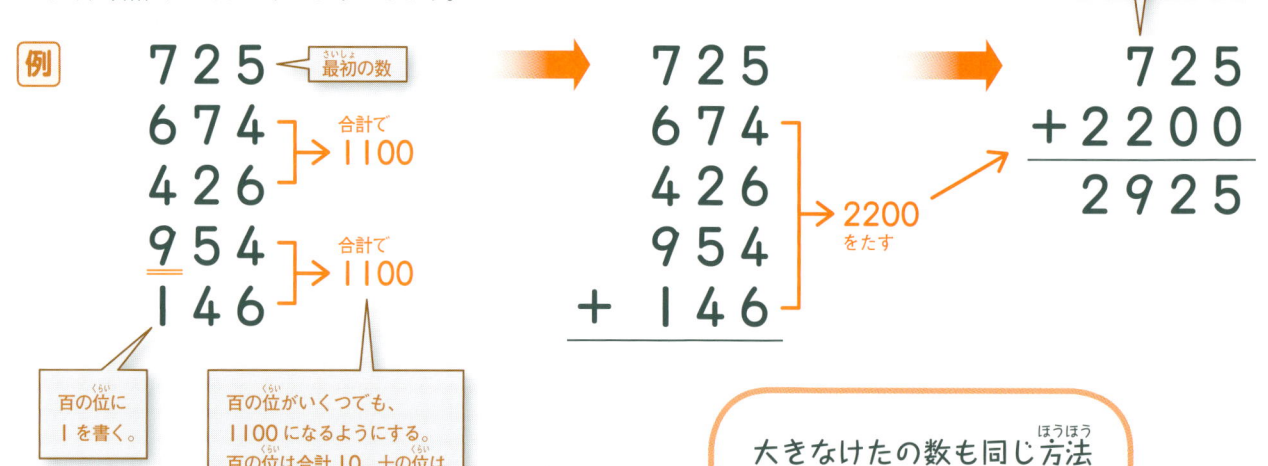

> 最初の数の百の位が8か9の場合は、くり上がりが出るので気をつけよう！

例

```
  725  ← 最初の数
  674 ┐
  426 ┘合計で1100
  954 ┐
  146 ┘合計で1100
```

- 百の位に1を書く。
- 百の位がいくつでも、1100になるようにする。百の位は合計10、十の位は合計9、一の位は合計10。

```
  725
  674
  426       → 2200をたす
  954
+ 146
```

```
   725
+ 2200
──────
  2925
```

> 大きなけたの数も同じ方法でできます。4けたの場合は11000、5けたの場合は110000にするのですヨッ。

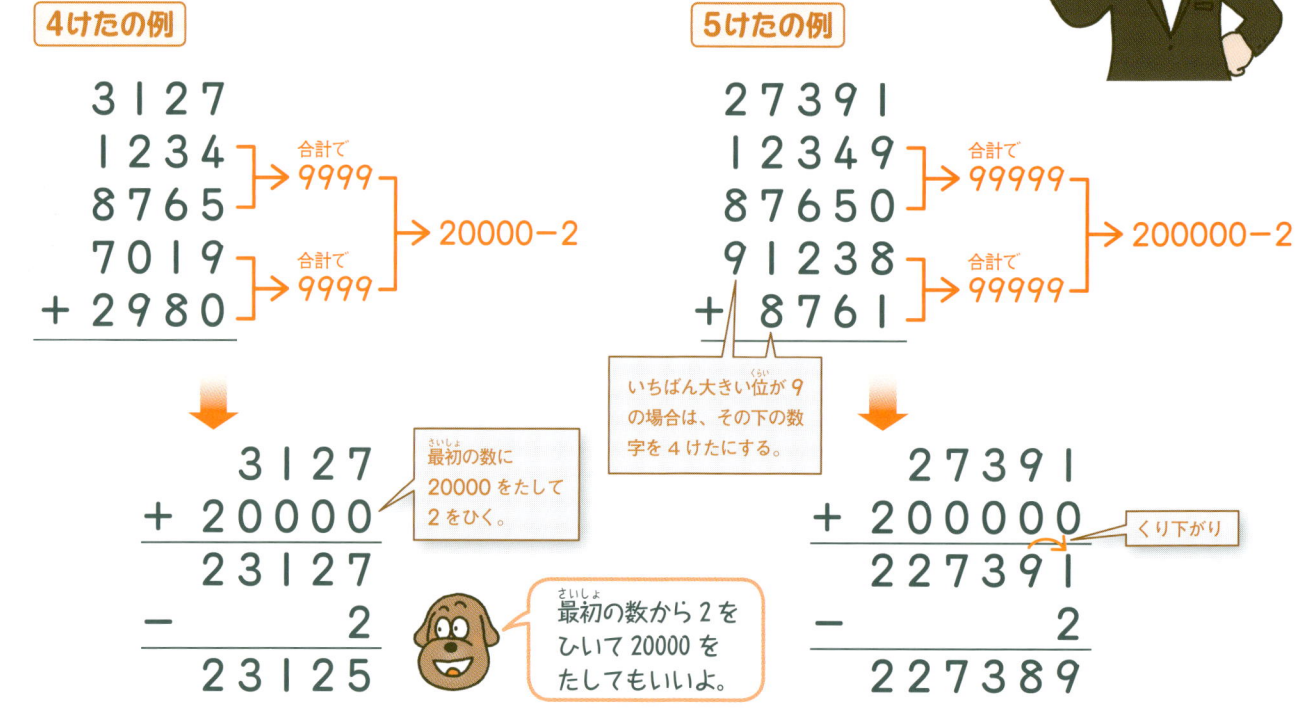

チャレンジ！ 4けたの数でもできるよ！

同じ方法で、4けたの数でマジックをおこなうこともできます。この場合は、けたが1つふえるだけです。

また、もっと大きな数でという人は、何けたの数でもできるので、チャレンジしてみましょう。

4けたの例

```
  3127
  1234 ┐合計で9999
  8765 ┘          → 20000−2
  7019 ┐合計で9999
+ 2980 ┘
```

```
    3127
+ 20000
────────
  23127
−      2
────────
  23125
```

> 最初の数に20000をたして2をひく。
> 最初の数から2をひいて20000をたしてもいいよ。

5けたの例

```
  27391
  12349 ┐合計で99999
  87650 ┘           → 200000−2
  91238 ┐合計で99999
+  8761 ┘
```

- いちばん大きい位が9の場合は、その下の数字を4けたにする。

```
    27391
+ 200000
─────────
  227391        ← くり下がり
−       2
─────────
  227389
```

29ページの問題の答え

1 最後の数は、たす数を2でわった数になるから。

たす数が、たとえば5なら答えは2.5、7なら3.5のように、小数になってしまいます。5や7のように、2でわりきれない数を奇数といいます。

2 14

(たす数)÷2＝7なので、たす数は7×2＝14ということになります。

41ページの問題の答え

1 右のように、下の2マスに18を、上の3マスには、合計が9になるように、3つの数を入れます。

2 右のように、下の2マスに23を、上の3マスには、合計が18になるように、3つの数を入れます。

3 39

下の2マスに、全体の合計の39が入ります。

1の答えの例

1, 2, 6, 8, 1
18−(1+8)=9 合計が9になる。
一の位／十の位／全体の合計

2の答えの例

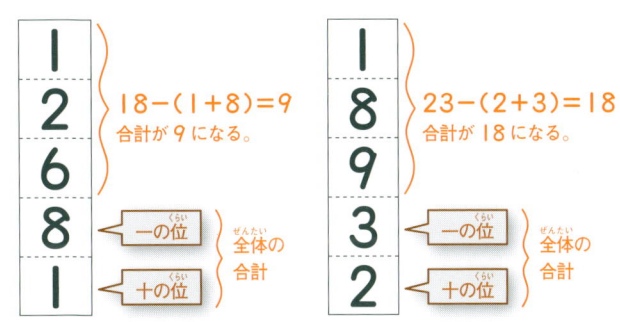

1, 8, 9, 3, 2
23−(2+3)=18 合計が18になる。
一の位／十の位／全体の合計

これは1つの例だよ。ほかにもいろいろな組み合わせがある。上3つの合計が 1 は9、2 は18になっていれば正解だ！

考え方

短冊の合計数の十の位が1の場合、十の位が2の場合、そして十の位が3の場合をそれぞれ見てみましょう。

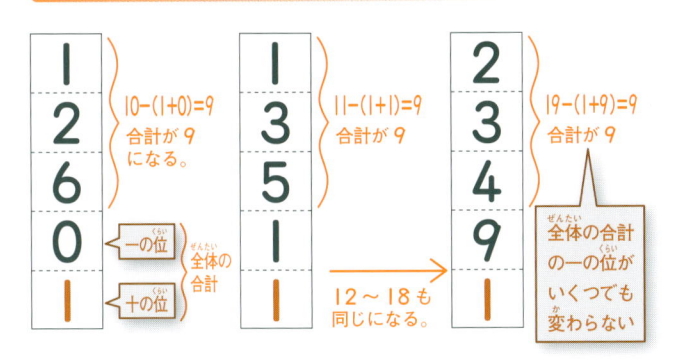

十の位が3の場合は、上の3マスの合計はどれも27になります。十の位が3の最大の数は39。それで、合計数が39の短冊が最大となるのです。

十の位が1の場合

1, 2, 6, 0, 1
10−(1+0)=9 合計が9になる。
一の位／十の位／全体の合計

1, 3, 5, 1, 1
11−(1+1)=9 合計が9
12〜18も同じになる。

2, 3, 4, 9, 1
19−(1+9)=9 合計が9
全体の合計の一の位がいくつでも変わらない

十の位が2の場合

6, 7, 5, 0, 2
20−(2+0)=18 合計が18になる。
全体の合計
21〜24も同じになる。

5, 9, 4, 5, 2
25−(2+5)=18 合計が18
26〜28も同じになる。

9, 2
29−(2+9)=18 合計が18
全体の合計の一の位がいくつでも変わらない

十の位が3の場合

9, 9, 9, 1, 3
31−(3+1)=27 合計が27になる。
一の位／十の位／全体の合計

9, 9, 9, 2, 3
合計が27になるのは9+9+9だけ。

9, 9, 9, 9, 3
3 の合計39の短冊
33〜38も同じになる。

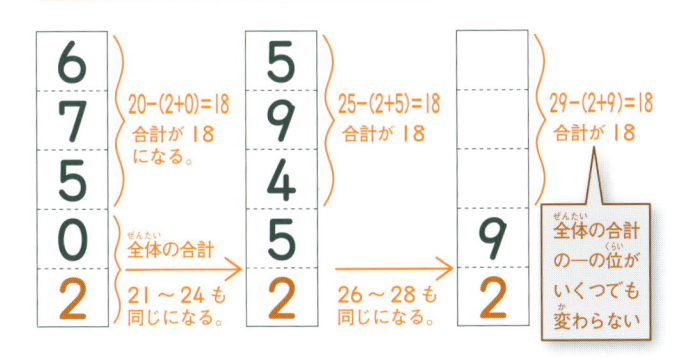

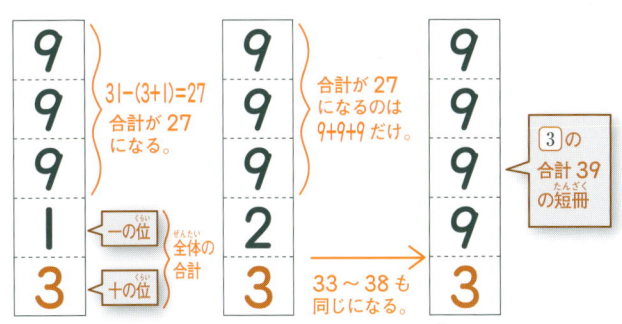

チャレンジ！ 短冊の数を変えてやってみよう！

紹介しているマジックは、短冊の本数が3本ですが、このマジックは、短冊が2本でも、4本でも5本でもできます。やり方は、3本のときといっしょです。

2本の短冊の合計の出し方

```
   6 4
   9 2
   3 3
   3 7
 + 2 1
 ─────
   2 4 7
```

- 十の位のいちばん下の数字
- 一の位のいちばん下の数字と十の位の下から2番めの数字の合計
- 短冊の下から2番めの数字

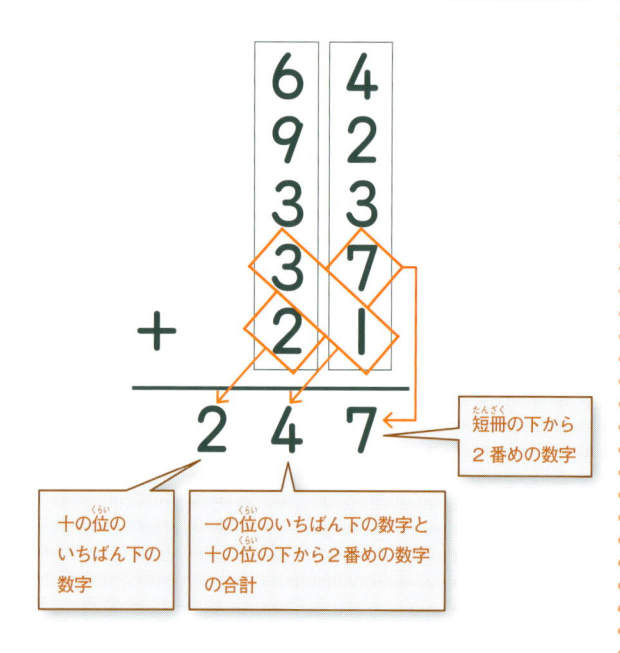

4本の短冊の合計の出し方

```
  5 6 4 6
  1 7 6 9
  3 5 8 3
  6 4 3 5
+ 1 2 2 2
─────────
1 8 6 5 5
```

小さい位のいちばん下の数字と、次の位の下から2番めの数字をたしていくといいんだね。さらに短冊がふえても、この方法はかわらないよ。

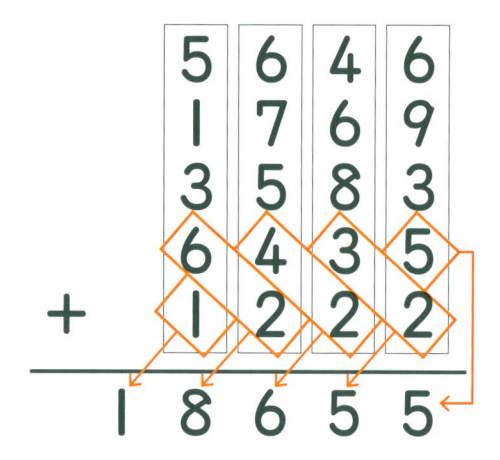

チャレンジ！ くり上がりのある短冊のマジック

本文で紹介しているマジックは、くり上がりのない短冊を使った場合のものです。もし、自分で短冊を作ってマジックをやる場合、下のようにくり上がりが出てしまうことがあります。この場合は、答えを書くときに、このくり上がり分を加えることを忘れないようにしなくてはいけません。

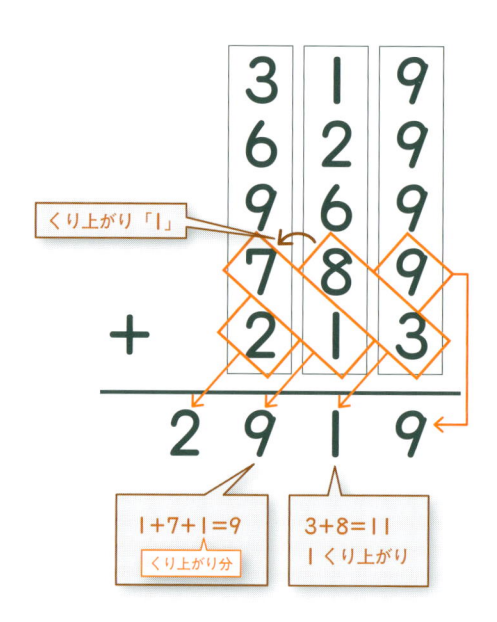

```
  3 1 9
  6 2 9
  9 6 9
  7 8 9  ← くり上がり「1」
+ 2 1 3
─────────
  2 9 1 9
```

- 1+7+1=9 くり上がり分
- 3+8=11 1くり上がり

答えにする2けたの数の一の位が、「7・8・9」のときは、右におく短冊の答えによっては、くり上がりが出てしまいます。答えの数の一の位を6以下にすると、くり上がりのない短冊を作ることができます。

たしかに、くり上がりのある短冊でもマジックはできます。でも、マジックをスムーズにおこなうには、くり上がりをさけたほうがいいのですヨッ。

指導者の方へ　この本の活用のしかた

鎌倉女子大学特任教授　廣田敬一

● 入門！　たし算大予言（4～9ページ）
　　―筆算のしくみの理解を深める―

　第2学年でたし算やひき算の筆算を学習し、第3学年で筆算についての理解を深める学習をします。この手品は、3人の子どもが選んだ数字のカードを、それぞれ位ごとに割り当てて3桁の数を作って計算するのがタネとなっています。手品のタネあかしが、位ごとに数をたすという筆算の仕組みの説明と一致しています。第3学年で、筆算のしくみの確認をする際の教材として活用するとよいでしょう。

● ズバリ！　誕生日当て（10～15ページ）
　　―式の計算の習熟を図る―

　第4学年で、加減乗除と組み合わせた式や、（ ）を使った式など、総合式の学習をします。さまざまな事象を式に表したり、その式の計算をしたりすることが内容となっています。この手品では、いくつもの計算を組み合わせた複雑な計算を、式のきまりに基づいて簡単にすることで、誕生日を当てられることを説明しています。ですから、式の学習内容を活用して解決する教材として用いることが考えられます。

● ビックリ！　スピードたし算（16～21ページ）
　　―計算の工夫の大切さを感じ取らせる―

　100とか1000のように、区切りのよい数に着目して工夫することで、複雑な計算も、暗算でできることがあります。この手品は、任意の3桁の数について、1000より1小さい999になるような数を書き加えることで、暗算でできる計算に変えてしまうところがタネとなっています。計算を簡単にすることのおもしろさを感じさせ、工夫の方法を理解させるための教材として活用することができるでしょう。

● 合計は5000？（22～23ページ）
　　―単位をとらえることの大切さを感じ取らせる―

　この手品には、特別なタネはありません。しかし多くの人が間違える計算の一つです。思い込みによるうっかりミスといえるような誤りですが、その原因を分析すると、数の系列や単位の大きさなどに注意しなければならないことがわかってきます。間違えやすい計算について注意を促したり、計算では単位の大きさに注意しなければならないことを気づかせたりする学習の教材として活用することができるでしょう。

● 頭の中の数がピタリと当たる！（24～29ページ）
　　―偶数・奇数についての理解を深める―

　この手品も、本質的には、「ズバリ！　誕生日当て」と同様、27ページに示されているように、総合式の計算によってタネあかしがされます。ですから、第4学年の式の学習の教材としてよい内容です。ただし、28ページの「レベルアップ」では、計算の最後の数が「たす数」によって決まることから、「たす数」の決め方について考える活動を取り上げ、「たす数」は、奇数ではなく偶数にしたほうがよいことを説明しています。したがって、第5学年の、偶数や奇数に着目して問題を解決する教材として、この手品を活用することが考えられます。

● ひっくり返しの数字の予言！（30～35ページ）
　　―数のおもしろさを味わったり筋道立てて説明する方法について学ばせる―

　どんな3桁の数でも、百の位と一の位を入れ換えて差を計算すると、32ページのように、百の位と一の位の合計が9で、十の位が9という3桁の数になることや、その3桁の数の百の位と一の位を入れ換えてたした数がいつでも1089になるという、数の不思議なきまりが発見できる手品です。第3学年の3桁の計算の学習の場面で取り上げて、算数のおもしろさを味わえるようにするとよいでしょう。

　このようなきまりが成り立つわけを、式などを用いて筋道立てて計算する学習は、少なくとも第4学年以上、どちらかというと高学年向きの内容として考えるとよいでしょう。

● 短冊スピード計算術！（36～41ページ）
　　―筆算のしくみの理解を深めるとともに筋道を立てて考えるおもしろさを味わわせる―

　筆算のしくみの理解を深めるという意味では、「入門！　たし算大予言」と同様の内容になっているので、第3学年の内容であるともいえますが、こちらのほうがかなり難しいと思われます。

　むしろ、高学年向きに、40ページの「レベルアップ」で取り上げている短冊作りを中心にして教材を構成して、1本の短冊の上の3つの数の合計が3の倍数になることを発見したり、合計が最大や最小の場合の数値がどうなるかなどを考えたりする活動を展開すると、筋道立てて考える力を育てる教材となるものと思われます。

著	算数指導
庄司 タカヒト（しょうじ　たかひと） マジシャン	**廣田 敬一**（ひろた　けいいち） 鎌倉女子大学児童学部特任教授
1967年、青森県むつ市生まれ。TV出演や番組での著名マジシャンへのトリック提供、有名タレントへのマジック指導からイベント・パーティー・寄席出演まで幅広く活躍中。マジック商品のクリエイターとしても著名。著書『クロースアップマジック秘密のネタ本』（青春新書INTELLIGENCE）『頭がよくなる1分間ふしぎマジック』（だいわ文庫）『接客の魔法』（アスキー新書）『孫もびっくり！ 大人のための練習いらずの簡単マジック』（あさ出版）など。	1947年、東京都町田市生まれ。東京学芸大学教育学部卒業。東京都内の公立小学校教諭、東京都教育庁指導部指導主事、都立教育研究所統括指導主事、世田谷区立八幡山小学校長などを経て、現職。東京都算数教育研究会会長などを務め、現在は、現代算数教育研究会会長。著書に『思考力・表現力を育てる算数的活動の実践』（編著、明治図書）など。

◆ イラスト────── 北田哲也（きただ　てつや）

◆ 装丁・デザイン── 篠原真弓（しのはら　まゆみ）

◇ 企画────── 矢吹博志（オフィスパーソナル）

　　　　　　　　　渡部のり子（小峰書店）

　　　　　　　　　伊藤素樹（小峰書店）

◇ 編集────── 渡部のり子・伊藤素樹・北尾知子（小峰書店）

　　　　　　　　　小林伸子

◆ 参考資料────── 高木重朗、二川滋夫著『頭のトレーニング　数のマジック』株式会社エルム

　　　　　　　　　マーティン・ガードナー著／金沢　養　訳『数学マジック』白揚社

　　　　　　　　　猪又英夫、長谷川ミチ、ヒダオサム監修『子どもに「すごい」といわせるとっておきの手品』永岡書店

　　　　　　　　　マーチン・ガードナー著／壽里竜　訳『マーチン・ガードナー・マジックの全て』東京堂出版

遊んで学べる算数マジック❶
計算のふしぎ

NDC 410　47p　29×22cm

2011年4月5日　第1刷発行　　2024年8月20日　第6刷発行

● 著者／庄司タカヒト
● 発行者／小峰広一郎
● 発行所／株式会社 小峰書店
　〒162-0066　東京都新宿区市谷台町4-15　　電話 03-3357-3521　FAX.03-3357-1027
● 印刷／株式会社 厚徳社
● 製本／株式会社 松岳社

©2011　T.Syoji Printed in Japan
乱丁・落丁本はお取り替えいたします。
https//www.komineshoten.co.jp/　　ISBN 978-4-338-26401-3

本書のコピー、スキャン、デジタル化等の無断複製は著作権法上での例外を除き禁じられています。本書を代行業者等の第三者に依頼してスキャンやデジタル化することは、たとえ個人や家庭内での利用であっても一切認められておりません。

算数？マジック

遊んで学べる

全4巻

マジックのレベル
1 ▶ かんたん
2 ▶ ふつう
3 ▶ ちょっとむずかしい

❶ 計算のふしぎ

1 入門！　たし算大予言
算数のレベル ▶ 3年生以上
マジックのレベル ▶ 2

2 ズバリ！　誕生日当て
算数のレベル ▶ 4年生以上
マジックのレベル ▶ 2

3 ビックリ！　スピードたし算
算数のレベル ▶ 3年生以上
マジックのレベル ▶ 3

だれでもできる錯覚マジック　合計は5000？

4 頭の中の数がピタリと当たる！
算数のレベル ▶ 5年生以上
マジックのレベル ▶ 1

5 ひっくり返しの数字の予言！
算数のレベル ▶ 3年生以上
マジックのレベル ▶ 2

6 短冊スピード計算術！
算数のレベル ▶ 4年生以上
マジックのレベル ▶ 3

❷ 数のトリック

1 カレンダーで3週当て！
算数のレベル ▶ 4年生以上
マジックのレベル ▶ 2

2 カレンダートリック！
算数のレベル ▶ 3年生以上
マジックのレベル ▶ 1

3 ふしぎなマトリックス
算数のレベル ▶ 4年生以上
マジックのレベル ▶ 1

4 13のふしぎな予言
算数のレベル ▶ 4年生以上
マジックのレベル ▶ 3

5 好きなトランプ♥
算数のレベル ▶ 3年生以上
マジックのレベル ▶ 2

6 ？マークの予言
算数のレベル ▶ 3年生以上
マジックのレベル ▶ 3

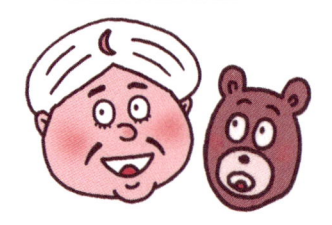